讓我代你失敗——

義工領袖也曾上過的課

代你失敗・茁壯成長

為促進年青一代全人發展，服務式學習（service learning）成為不可或缺的教育元素。而學生從參與中學習，從服務中成長，運用課堂所學，以行動回饋社會；這個歷程甚是珍貴。

就我們前線工作者的觀察，部分青年義工的服務心態仍是以達成時數指標為首要考慮，對社會服務的本質和意義，也許未有充分深思。因此，他們在參與或策劃服務時，若遇上挫折或困難，便容易因為找不到堅持的理由而草率完成或放棄。本書輯錄了香港青年協會傑出青年義工的服務經驗，了解他們面對失敗和打擊時，如何仍能堅守服務社會的初心。

書中主角都是現任或曾任學生義工隊骨幹成員、或曾獲本港主要義工獎項，甚至曾到訪世界各地進行深度服務。讀者可從中細味他們在失敗中的領悟，怎樣把別人的經驗教訓（lessons to learn）轉化成自身的得著，並應用在義工服務，以至學業、工作和生活等不同領域。

本人藉此機會，衷心感謝本會「青年義工網絡」（VNET）、「好義配」、「鄰舍第一」計劃等青年義工的熱忱與付出。不管個人或團隊、線上或線下，你們持續以行動展現青年和義工服務的無限可能。我盼望大家承傳這份無私奉獻、堅毅不屈的服務精神，無懼挫敗，互勉成長。

何永昌
香港青年協會總幹事
二零二零年七月

目錄

CHAPTER 1

服務與生活之間的平衡點

義工 ——————— 劉羨文

現為香港理工大學物理治療系二年級學生，由初中至今，積極投入大大小小的義工服務，亦參與過多項全港性服務計劃，包括青協香港青年大使計劃。在同學埋頭苦幹準備公開試之際，她仍堅持抽空參與義工服務，全因一份她對時間管理和心態調整的信心。羨文曾入選香港傑出青年義工計劃，並曾任香港傑出青年義工協會副會長。

e! Delegation
anding
Volunt
NamKwang
lfare Society
회복지관
Lau Sin Man
Sammi
(group 4)

游心仁

喂阿嫻！我哋星期六去探中心啲公公婆婆呀，你有冇時間一齊參加？

我好想去呀，但嗰日要溫書，又要陪屋企人，所以未必去到。

吳德嫻

明白！要喺繁忙生活中安排時間參加服務並唔容易，不如參考一下羨文嘅經驗，話唔定可以搵到服務與生活之間嘅平衡點呢！

游心仁

做義工會「上癮」

從小到大，羨文都被標籤為內向怕醜的女孩，直到中三那年，在班主任推薦下初次接觸義工服務，為她人生帶來一大轉變。

第一次參與校外活動，害怕與陌生人接觸的她，內心難免有點焦慮，因此，她選擇了自己較有信心應付的動物義工，作為自己的義工服務初體驗，在領養中心負責照顧流浪貓狗，以及簡單的清潔工作。除了被服務性質吸引，羨文更期待與動物玩樂的時光。第一次服務算不上付出很多，卻為羨文帶來了微小但切實的滿足感，也對自己的能力多了一份肯定。自此，羨文對義工服務的興趣有增無減。

中三是 DSE 選科的關鍵時間，高中則是備試黃金時期，羨文非但沒有全神貫注於學業之上，更不斷爭取更多服務機會。中三至中五期間，她主動參與校內校外多項義工計劃，成為校內義工隊幹事、加入香港青年大

使計劃等。擔任校內義工領袖期間，每星期留校與老師同學開會籌備服務，也需要與社福機構商討合作事宜，甚至星期六日，也為校外服務忙個不停。緊密的義工日程，就連父母也曾開口質疑她是否過於沉迷，忽略了學業與家人。

服務與生活的平衡

事實勝於雄辯，美文用行動證明了義工服務不但沒有影響正常生活，更甚的是，她逐步改變了原有的內向性格，比從前更開朗自信。父母再也沒埋怨她花太多時間參與義工活動，更會抽時間與她一起參與服務，親子關係變得更和諧融洽。

能否同時兼顧各方面，取決於時間管理。美文認為，即使當初沒有參與義工活動，也不代表會騰出更多時間學習。站於學生立場而言，既然星期一至五已被課業佔用，周末應該自由安排活動，慰勞辛勤讀書的自

己。義工服務漸漸成為她的解憂空間，使她忘卻學業煩惱；義工服務豐富了她的中學生活，讓她珍惜每分每秒。

本以為當上義工領袖後，與好友會漸行漸遠。沒想到，原來參與服務竟然可以增進友誼。中四首次策劃義工服務，擔心參與人數不足的羨文，硬著頭皮找來幾位好友捧場。義工服務往往有種不可言喻、令人著迷的魅力，原本為「湊人數」而邀來的好友也開展了義工之路。當其他同學都在周末「唱K」、「打機」或「打波」，羨文則與友人三五成群的到社區中心做義工，過一個不一樣的充實周末。

大學初期，羨文發現不少同學都對做義工感興趣，只是沒有相關經驗，也沒有參與途徑。每當羨文邀請同學參與服務，他們都會積極響應。此外，她亦試過與朋友結伴參加海外義工服務團，當中的經歷比純粹旅遊觀光更深刻。羨文認為，參與義工服務不但擴闊了自己的生活圈子，更可深化與朋友之間的情誼。

雖然有心參與義工服務，但總是覺得時間不夠？

「義工是一項靈活具彈性的活動，不應視它為負擔。義工可以根據自己的時間表選擇不同類型的服務。在準備公開考試時，我會在周末做義工，參與單次或短期的義務工作，只要安排妥善，不但可兼顧義工服務及應試準備，更可以紓解沉重的應試壓力。

另外，義工可選擇自身感興趣的服務項目，這樣一來可為自己覓得一種放鬆減壓的閒餘活動，二來可從服務當中學習感興趣的新技能，例如我就在聾人中心服務時學會了手語。

即使我們繁忙得沒有空餘參與義工活動，我認為最重要的還是保持同理心和服務他人的熱心，並將這精神融入生活細節中，簡單如幫助鄰里也是一種義務工作。定期與家人、三五知己結伴參與服務，也是一項不錯的選擇。」

平衡思考模式（一）
初出茅廬的領悟

中學時期擔任學校義工隊幹事時，需要定期舉辦義工活動吸引同學參與。為了讓同學有與別不同的服務體驗，羨文到處搜羅義工服務新機會，更嘗試與外間機構接洽，合辦義工活動。

中四那年，羨文負責策劃一項關注新來港學童的義工服務，協助他們適應生活環境轉變，融入社區。從策劃到實行，一切都是義工隊全權負責。對當時沒有任何活動策劃經驗的她來說，這絕對是一大挑戰。活動持續了一個半月，內容以唱歌和看電影學習英文為賣點。為了今次活動，羨文與同學煞費心機地設計內容，例如準備多個版本的音樂和電影片段，方便不同程度的學童都可以跟上學習進度。活動安排上大致順利，可惜參加者的反應未如預期，活動人數一次比一次少，學童只顧於課堂上嬉戲玩樂，對學英文興趣不大。羨文因此感到沮喪，自責沒有周全思考每位學童參與目的，也辜負了其他義工對服務的期望。

對於新手義工領袖，羨文認為在開始設計活動前，**應累積足夠的參加者經驗，從中觀察服務的大小瑣事，亦可向老師、富經驗的學長請教，參考過往活動**。此外，在服務心態上也應加以調整，明白服務對象有不同需要。服務過後，中心職員與羨文分析了學童參與今次活動的原因：

和朋友一起參加　　家長報名　　想結識新朋友

參與興趣班　　功課託管班後有空檔

結果沒有學童是因為想學英文而參與活動，服務不達義工期望也是理所當然的。因此，完成每一次服務後，可先從服務對象參與活動的反應和表現進行檢討，因應實際情況調整下一節的服務內容，切忌一成不變，或急著分享所有已準備的活動內容，要求參加者跟隨。在活動解說時，義工領袖應向其他義工分析活動的不同可能性，仔細描述服務對象的特質，讓大家調整服務期望。

TIPS FOR YOU

給新手義工領袖的小建議：

在日常生活中多留意不同人、事、物，思考他們會有甚麼需求、你又能如何幫助他們，這樣能多發掘被社會忽略且缺乏資源的群體，以填補「服務縫隙」（service gap），這就是舉辦不同類型義工服務的第一步，也能將義務精神融入生活之中。

雖然義務工作能為服務對象和義工帶來好處，但在舉辦義工活動時也**不能有過高的期望**，尤其是針對服務對象的反饋。不同對象對於活動的反饋會因活動性質、次數及許多自身因素影響，因此，舉辦活動時應多作多方考慮，並在活動結束時收集不同持分者的意見以作改善。

義務工作的其中一大宗旨就是**以人為本**，義工經常面對社會上不同群體，因此「尊重」是非常重要的。即使服務對象與自身價值觀、宗教或其他方面有差異，義工要懂得尊重對方、尊重社會的多元化，以平等和包容的態度對待每一位服務對象。

平衡思考模式（二）
服務不止一種模式

在義工服務的道路上，可讓自己看到不同的景象。中五那年，羨文參加了香港青年大使計劃。在長達一年的服務裡，她會定期到香港國際機場擔任景點駐守義工，每次服務都需要解答上百位來自世界各地的旅客查詢。他們希望得到的答覆，不單單是簡單「直行轉左」，偶爾都需要為旅客推薦觀光路線。

有一次，一位來自法國的過境旅客希望利用轉機的空檔，探索一下香港這從未到訪的城市，期待羨文能給他一些行程建議。短短的四小時逗留時間，實在無法建議離機場太遠的景點，同時，需要詳細地列出所有建議交通路線，稍有差池都可能錯過轉機時間。就在羨文不知如何是好之時，機場職員察覺到她的不安，與羨文一起為旅客安排合適行程。在旅客踏出抵港閘口的一刻，青年大使成為機組人員、機場職員以外，他們最初接觸的本地人。以義工身分提供服務，自然沒有身為職員的那份重擔。義工需要保持專業、認真，但也因為義工這角色，當值服務期間比職員輕鬆自在，可與旅客暢所欲言，也不會過於刻板。

擔任青年大使期間，讓美文深深體會到為何了解服務對象及事前準備是如此重要。**提供服務前，應該先詳細了解對方的需要，也要根據服務性質預想可能發生的事，作萬全準備後方可提供適切的協助，也有助臨場應變應付突發情況。**

美文從義工服務體會到的又豈止於此，各式各樣的身分也為她帶來多樣回饋。

大學一年級，美文成功入選香港傑出青年義工計劃。計劃由社會福利署策劃，參加者以一年時間透過參與各樣義工服務、團隊管理和外地交流，提升義工領袖技巧。美文更於 2019-20 年度出任香港傑出青年義工協會副會長。

這一年受到社會事件和疫情影響，大部分服務計劃都因而取消。期待已久的服務通通不能按計劃實行，團隊初時覺得可惜不已，反覆思量過後，他們明白義工服務不是只跟隨個人理念，更不是滿足個人慾望，而是考慮社會需要改變服務策略。疫情期間，羨文和團隊走進社區派發防疫物資，這項服務並不在年度計劃之內，事前亦沒有充足時間準備。這有賴團隊強大的人際網絡及年輕人善於網購的優勢，使他們能迅速募集足夠物資派予區內有需要人士。基層家庭、長者、清潔工、傷健人士、特殊需要兒童，都是他們的目標群眾。當時物資短缺問題令廣大市民陷水深火熱之中，這班義工竟然不是「大難臨頭各自飛」，反而將得來不易的物資捐贈他人，街坊對他們心存感激。

物資防疫派發看似微不足道，**但關鍵在於義工在非常時期，為服務對象提供確切幫助，才可以發揮出服務最大效能**。義工服務不只有物資上的幫助，更有心靈上的扶持，一盒口罩、一支酒精搓手液，背後蘊含的是對服務對象真誠的關懷。

如果當初沒有參與義工服務

「如果當初沒有接觸義工服務，現在的你會有甚麼分別？」

羨文直言，如果當初沒有選擇義工這條路，大概會有更多閒餘時間追求學業、與朋友吃喝玩樂、參與其他興趣班等。畢竟當初只是個十三四歲的孩子，家人朋友和學業佔了生活中最大席位。因為參與義工服務，讓羨文擴闊了社交圈子、加強了公民責任、提升了個人能力、訂下了未來目標，使她於個人管理和處事態度方面，比同學更成熟。即將會成為物理治療師的她，希望繼續「Keep 住團火」，並利用專業知識，服務更多有需要人士。

有些人對義工服務滿腹熱誠，但不懂得時間分配；也有些人過於投入服務，卻忽略 work-life balance。正如羨文所說：「義工不是負擔，可以靈活參與。」從有興趣的服務著手，使自己更投入其中，享受服務。當慢慢建立持續服務的習慣時，你便會發覺，服務同時也為忙碌生活帶來一點甜。

CHAPTER 2

堅守義工服務的信念

義工 ——————— 潘杰山

現為社工系學生、青協青年服務諮詢委員會成員，亦是「鄰舍第一」計劃的骨幹成員。由小學開始參與不同義工服務，至今已累積超過十年義工經驗。一直以來，他投放在義工服務上的時間比學業更多，成為社工、服務社區，成為了他最大目標。

本章可以了解杰山堅定的服務心志、多年來無間斷地
參與義工服務的原因、了解義工習慣如何養成，並納
入成為生活一部分等。此外亦可了解作為義工領袖，
該如何增加義工團隊的歸屬感，並將個人的服務熱誠
感染同行者。

在堅持服務信念途中，經歷無數「撞板」，讓杰山一一
話你知！

義工的初心
「你有空就出來吧。」

杰山第一次參加義工的原因，只因家人一句：「在家閒著沒事幹就去做
做義工，有能力就去幫人吧！」在媽媽引導下，於小學家教會活動中擔任
小助手，就此開展了義工生涯。既無冠冕堂皇的原因，也沒有受甚麼生
離死別的啟發，算是被媽媽「牽著鼻子走」，簡單而樸實。歷經多年的
服務體驗，參與角色、目的和心態或多或少都會有所不同，但「有空閒
所以服務」的初心則不變。**想邀請朋友一起做義工，其實不用甚麼大理
由，不妨一句「你有空就出來吧。」**牽著他的鼻子走進義工的路上，或
許也是一種不同風格的傳承。

做義工是對抗傳統想法的吶喊
打破「學業成績差就是失敗」的想法

小時候或受家人和老師影響；高中時可能受校本評核社會服務時數要求約束；大學或在職時或希望擴闊社交圈子和發掘個人興趣等，可是這些因素都不足以讓參與服務持續化，通常目的達到了，就不再參與服務。至於杰山，他推動自己堅持參與服務的原因來自一份「憤慨」，他希望藉著服務，證明自己有打破傳統思想的能力。

小學時，杰山的學業成績很一般，被不少老師和同學瞧不起，雖說「求學不是求分數」，但又有多少老師同學不是整天在這些數字上拼搏？在日積月累的「个忿」驅使之下，於升中放榜的當天，杰山立志於新環境蛻變，無論就讀甚麼派位組別的中學，也要好好打破「學業成績差就是失敗」的想法，過一個既成功又自在快樂的中學生活；**快樂來自於義工服務對象的笑顏，更是來自於服務過後得到老師、社工和學長稱讚所帶來的成功感。**點點滴滴的累積，推動他繼續服務，繼續改變自己，以身作則改變大眾守舊的想法。無法衡量自己成功影響了多少人，但杰山肯定已成功影響自己，享受每次不同的義務工作經歷，放膽開拓眼界，走出別人的目光，找到自己的使命——讓人展現真善美。

從多樣化的義工參與中尋找自己的節奏
打破單向施與受的交流

歷經多年的義工服務，杰山明白每個義工也有獨特的性格特質，擅長的服務類型、對象以及崗位也各有不同；**要透過親身嘗試了解探索，才可以找到最合適自己的服務形式，才能不厭倦地保持服務。**

杰山參與過的義工服務種類多不勝數，服務對象除了老中青朋友，更包括動物、大自然及社區；而服務崗位亦包括前線服務及後勤支援。種種服務中，能達致人際交流溝通的社區服務，往往最能為善於交際溝通的杰山帶來滿足感。杰山不會輕視傳統探訪服務為受眾帶來的溫暖，但他認為，**要使服務果效得以持久，一定要打破單向施與受的交流。**

大專時期，杰山積極參與不同的社區服務策劃比賽，比起參與現有的服務，自己策劃實行更能達致所思所想。在參與「職涯起動青年生涯規劃服務計劃」中，為香港一級歷史建築藍屋推廣社區保育，策劃「出走藍屋」保育籌款城市定向比賽，並邀請灣仔的地區小店舖作為比賽關卡點。杰山和團隊不是在灣仔區長大，對灣仔的認識並不深。因此他們在到訪小店前，預先親身落區進行實地考察，了解不同小店售賣的商品類型、店舖歷史，準備充足之下才去拜會小店，期望以「街坊」的身分邀請店舖支持他們的定向比賽。儘管如此，也吃了不少閉門羹；其中曾為

了邀請一間茶餐廳合作，他們光顧了餐廳整整一星期，比劉備三顧茅廬更甚，只是為了「打關係」，試試餐廳著名奶茶，與老闆談談「奶茶經」，才成功邀請老闆答應合作。最後城市定向比賽成功舉行，或許有人會質疑「落區打關係」的成本利益值得與否，但杰山認為這就是使服務果效得以延伸的方法。與車房老闆閒聊名車品牌，品嚐街坊送上的拿手小菜，獲得了不少民間智慧，這種無分施受的雙向交流才是杰山所追求的。儘管比賽完了，杰山和團隊的「街坊」身分卻不會完結，真真正正達致連繫社區。

與服務對象「打關係」小秘訣

1
事前就對象背景進行資料搜集

2
談談對象身上或附近的物件打開話題

3
了解對象感興趣的事

4
以同理心及平等坦誠的心認同對方的想法

義工領袖如何讓服務變得更持續

跨過「樽頸位」

身為義工領袖要策劃不同的義工服務，或帶領義工進行服務。杰山曾於中學擔任學生會幹事及學會主席；在大專時期，他於青協青年空間當義

務導師，亦策劃過跨機構協作的義工項目。十年間杰山於社會服務上獲得了不少嘉許肯定，亦成功打破「學業成績差就是失敗」的想法，但背後又是否真的在服務上每每都成功，如有神助？其實杰山在義工路上也多次遇上「樽頸位」，以至服務不能持續。以下是杰山的兩個失敗經歷，並分享從屢次失敗中獲得的「一幫再幫」義工領袖小秘訣。

杰山的義工領袖小秘訣
「一幫再幫」

義工是義工服務的必要養分，如何吸引義工持續「一幫再幫」投入服務，是使服務變得更持久的重要因素。

「一幫再幫」三大元素

1　全心全意
服務領袖要為服務訂立確切的服務信念及目標

2　意義重大
服務領袖要協助義工尋找服務的意義及寄望

3　一拍即合
服務與義工信念一致，訂下指引規則有助義工協作與服務安排互相配合

「樽頸位」經歷一
理念不同，失敗收場

中學時，幾位學長與杰山組織校內義工隊，可惜第一次會議內容空泛，討論了好一陣子後就不了了之，胎死腹中。多年後回想，死因正是義工隊根本沒有實際的服務目標，更說不上服務信念；若是當年學長召開會

議前，先為自己以至團隊設立確切的服務信念及目標，達致「全心全意」就能帶領他人。當時的組員只本著「你去我又去」的心態，未釐清自己參與服務的目的，對義工隊毫無寄望，此時身為領袖，更要讓團隊明白「意義重大」；有時候，沒有想法更是灌輸新概念的好時機。沒有信念和目標的義工隊，恍如沒有目的地的母艦，配上一群無心戀戰的船員，要「一拍即合」出海航行更是難上加難。

「樽頸位」經歷二
溝通不足，中途退出

杰山曾經參與過由不同團體、機構協作的義工項目，但因為安排混亂又時間倉促，引伸出複雜的人事問題，令參與義工不滿，甚至中途退出。這次失敗的經驗，令杰山明白「一拍即合」的重要性。杰山作為策劃項目理念的一員，起初眼見活動理念與義工寄望一致，而滿心期待團隊能擦出新火花。可惜「蜜月期」很快就過去，義工訓練過程中，有青年義工與協作的導師因言語出現誤會而中途退出；恆常義工會議，大多是安排不清而無疾而終，難以跟進不同團隊的進度。最終項目倉促完成，虎頭蛇尾，令義工感到無奈。即使理念多麼遠大和一致，領袖也必須按照人手及資源作出合理安排，必要時也可以訂立指引規則，讓義工有效率地循序漸進，服務才可以持續進行。

運用「一幫再幫」三大元素去分析服務的運作，從而發現服務的「樽頸位」。坦誠及信任亦有助義工投入參與服務；作為策劃者，讓義工及合作伙伴坦誠檢討所面對的困難，群策群力找出方法；義工領袖除了信任團隊，更要相信自己，相信自己的信念及心態。

思考時間

你曾在義工服務中遇過
甚麼「樽頸位」?

「樽頸位」

「全心全意」：服務的信念及目標是？

「意義重大」：義工們對服務的意義及寄望？

「一拍即合」：服務的資源有多少？有沒有任何共同訂立的規則指引？

持守「為社區服務」信念，挑戰自己尋求創新方案

「不斷挑戰，尋求創新」是任何領袖必須具備的特質；杰山也不例外，了解
到自己對社區服務的濃厚興趣後，一直尋找機會挑戰自己，尋求更創新更
宏觀的方案去解決社區問題。在高中時參與青協領袖學院的《香港200》
領袖計劃，了解到社會企業的運作模式；**大專時亦頻常參與不同的社會創
新（社創）比賽，增長知識之餘，認識到不同社創行業的同路人，增廣人
脈，更從中獲得資源及資金推動自己的創新計劃。**當中有過成功，也有過
失敗；在杰山眼中，如何將每個經驗消化和吸收才是重點的收穫。

「眾設社區：青年設計師基層社區協作計劃」

計劃由大專生、基層家庭、專業設計師和社福機構四方合作，著眼基層家
庭面對的居住和社區環境，共同發掘並以理想家居及社區空間設計回應不
同的需要。計劃成功之處，就是各方都能參與，沒有任何旁觀者。借助社

福機構的社區網絡，成功聯繫及鼓勵基層家庭參與。杰山與團隊則著手透過親身探訪，分析基層市民居住需要，在設計導師協作之下親手設計及製作傢具。這個計劃不論由開始、完結到今天，仍引起公眾及傳媒對基層社區設計的討論及參考。

「慳大咗生涯規劃桌遊社創項目」

為向青年盡早灌輸生涯規劃的概念，杰山與朋友「膽粗粗」創辦了一個社創項目，全力設計一套桌上遊戲棋，以助年青人透過輕鬆玩樂時明白生涯規劃的重要性。設計項目過程中跌跌碰碰，基於團隊缺少生涯教育及遊戲棋設計知識，只能透過不斷修改項目的定位，不斷的試玩測試，去分析遊戲棋的盲點。後來，團隊更為了項目，嘗試修讀遊戲棋設計課程，再次由零開始。杰山都忘記了游戲棋版本「砍掉重練」了多少次，暫時成功將遊

戲棋的雛型設計出來，但杰山與團隊笑言：「這個雛型肯定有問題，不過最多再來一次！」

對社創項目能否成功，杰山認為能否針對社會即時需要最為重要。於 2020 年新冠肺炎抗疫期間，杰山於青協的網上問功課平台「好義配・好義補」擔任義務導師，在線上為中小學生作功課輔導。配合政府減少外出的勸喻，足不出戶也能互相支援，也算是個以科技及時解決社會所需的社創項目參考。

成功不是僥倖，失敗也不是註定。

未來也會繼續失敗

十年義工生涯，有時候杰山也會反問自己會否花太多時間於義工服務上，也坦言有感到後悔。目標成為社工的他，時常反省如果中學時多花時間讀書，可能會更容易考入社工學系，達成目標。不過，凡事有兩面，如果當初沒有全情投入義工服務，或許就不會有成為社工的志向。

現在由義工身分走向社工，助人初心不但不變，更多了專業服務技巧。杰山建議想當社工的朋友，嘗試多參與義工策劃工作，而且不要限制義工種類，有助了解社工的日常工作，增加對社福機構運作的了解。策劃過程中，更要把握機會，認識更多同道中人，吸收他們過往成功失敗的經驗，為自己作一個「實習前實習」。

眼前有著很多的未知，或會因為失敗而受到打擊，但杰山仍「全心全意」訂下了以下三個目標。

社創：希望今年完成社創項目桌上遊戲棋的雛型，爭取不同資金推動項目，長遠寄望能成功推出市面。

社工：繼續享受學習裝備自己，可以到外地實習，認識其他地區的社福環境，開拓新視野；順利畢業成為社工。

義工：將自己的義工經歷傳授予其他義工，陪伴我熟悉的義工成長。

杰山明白「因為經歷很多，而明瞭更多。」經歷著失敗的人，比僥倖成功的人，更容易訂立明確目標，更懂得珍惜和發揮成功的機會。也許失敗的機會，比成功更難得。

CHAPTER 3

提升服務影響力的方法

義工 ——————— 黎悅知

二十歲出頭的「九十後」，香港中文大學畢業，本地公關公司 Start PR 創辦人，她將新聞及傳播系的背景與社區服務的理念融合，以創新手法向大眾推廣社福機構服務。悅知自中學階段開始接觸義工服務，多年來參與過林林總總的義工項目，包括成為青協「鄰舍第一」中西區團年飯的鄰舍隊大隊長、遠赴北極考察、到緬甸聯合國毒品與犯罪問題辦公室工作等。悅知曾入選香港傑出青年義工計劃，一直以來，她不斷改變自己的服務角色，從直接服務到間接服務，致力提升服務的影響力及可持續性。

第一次服務　第一次挫敗

相信大部分香港學生第一次接觸義工服務，大概都是因學校需要而參與。悅知也不例外，從小學開始，因為校本要求，經常參與社區探訪、賣旗籌款等服務，完成後向老師提交活動報告。也許在悅知和其他同學心中，參與服務只是為「交功課」，並沒有讓他們深入了解「義工」的含意。四川大地震發生後一年，悅知在機緣巧合下得到社工推薦，參與由校外組織舉辦的災區探訪服務，到訪當時的震央——汶川，這次經歷令她對義工服務的概念自心底起了變化。

・

2009 年，她仍是個中二學生，年紀輕輕的她抱持著「我要去旅行」的心態，展開她第一次義工之旅。同學們都只是一心想「出走異地」，義工

服務隨之變得次要。於是，出發前未深入了解當地情況下，以大量香港的準則及個人見解為探訪活動作籌備及購買物資。到真正臨場服務時，悅知和同學才驚覺，預期和現實原來有著天淵之別……

家園被摧毀，當地人暫住臨時板間房，環境惡劣、衛生欠佳、設備簡陋。看到這情境，義工不禁收起「玩樂」心態，化身「見習輔導員」，帶著緊張心情傾聽服務對象分享災後的生活情況，鼓勵災民勇敢面對。然而，這對未經歷過嚴重天災的香港學生似乎有點困難。其後，義工亦準備了活動與服務對象一同進行，但在文化差異下，服務對象未有太投入參與活動。儘管他們對義工的付出心存感激，悅知依然對未有周全考慮服務對象的需要而感到挫敗，認為自己**在服務過程中的得著，可能比服務對象來得要多，不但獲得異地體驗機會，更可以把自己設計的遊戲內容一一實現；相反，服務對象大概只得到一堆華而不實的物資，以及一班素未謀面的義工半天的陪伴時間**。感到慚愧的悅知，在經歷過這深刻體會後，腦海開始浮現不同問題：

「義工參與服務時，有否過分沉醉於幻想自己的偉大，而忽略對服務對象的了解？」

「單次的義工服務，可以為社區帶來多少改變？」

一想到服務過後再無機會與服務對象保持聯繫，心中不免有絲絲遺憾。團隊回港一星期後，服務地點不幸發生泥石流，正在重建的居所再次受到嚴重損毀。在無法得知當地人的狀況下，無力感再次放大。

啟程的興奮，回程的心酸，改寫了悅知對未來服務理念的追求。

脫離傳統束縛　　提升影響力

或許在選擇義工服務時，一般會先考慮服務地點是否接近自己社區。就悅知而言，地區界限從來不是一種束縛，甚至世界各地都遍布她的義工足跡。汶川探訪服務過後，她對義工這個題目就更感興趣了。在各種成功與失敗的經驗當中，她確切感受到自己正在一步一步地成長。其後，她積極爭取不同類型的服務機會，例如投身宣揚環境保育議題的北極考

察之旅、透過青協《香港200》領袖計劃參與地區性的義工服務、成立宣揚義工教育重要性的自發組織、涉獵聯合國的義務工作等。隨著經驗的累積,她深深明白服務後懂得「抽離角色」也是一大關鍵。初時,每一次義工服務完成後,她都會依依不捨地和服務對象道別。

「下回再來探你吧!」義工說得最多的謊言或許莫過於此。

義工高估了自己角色比重,或會許下未必能兌現的承諾,以免對方失望。悅知深信,**「抽離角色」可避免思想受個人情感所影響,使義工更能清晰反思每一次義工服務的意義**。義工是一個社群,提供服務的責任不是由個別人士承擔。因此,義工應該著力思考持續實行服務的可能性,即使自身不再參與服務,也可由其他義工代將理念延續。

說到最擅長的義工範疇,悅知有點猶豫,全因她未有被範疇限制自己發展,讓自己成長為義工中的通才。比起義工服務為自己帶來的成功感,

她更重視發展服務的可持續性，思考將服務持續於社區推行的方法。受各種經驗所啟發，她慢慢由服務參與者，變成服務機會提供者，並投放更多時間於「間接服務」（indirect service）上，通過服務策劃、研究、倡議及培訓，把個人義工精神和理念和其他義工分享，令服務不會因義工流失而停止，目標都是讓義工服務得以延續，可以令服務對象有長遠得著。

服務也講求「包裝」

所謂「人靠衣裝」，現代人都是外貌主義者，視覺感官為主，第一眼決定第一印象，第一印象決定命運。這概念同樣可套用於義工服務層面上。新聞及傳播系出身的悅知明白將服務「包裝」的重要性。**服務「包裝」非以誇大的手法讓服務看似比實際吸引，而是將服務「精髓」抽出，並以社會熱話作為切入點，製造迴響，讓訊息更易被大眾接受。**她認為，社福界強項在於提供服務，但往往不懂得「包裝」服務，而工作「錯配」亦經常在社福機構中發生。就如舉辦服務展覽活動時，單位社工普遍需

要兼任活動管理及宣傳，對於不擅長的工作又沒有足夠經驗，就只能夠硬著頭皮去做，所得結果很多時都未如理想。有時候宣傳活動更只是為了迎合服務資助者的需求，只需要達到一定數目的宣傳活動便可。這個現象促使了悅知在香港成立公關公司 Start PR，希望運用自己於傳媒界及社福界累積的經驗，填補這個缺口，協助社福機構向大眾推廣服務。此外，她更創立「點餐式」公關宣傳服務，按客戶實際需要而提供相應服務，為社福機構於宣傳推廣上節省開支。

團隊曾協助本地社福機構舉辦一項展覽活動，透過互動展覽來宣揚香港病人自助組織的互助精神。他們邀請了「勁揪體」藝術家合作，以及加入具玩味的「常見疾病」：「路痴」、「金魚腦」、「失魂魚」、「奴性癌」等日常流行元素，令大眾更易於勾起共鳴，代入病人角度，拉近彼此距

離。最後活動出乎意料的成功，有多達 20 個專題故事從活動中推出，引起媒體和大眾對罕見疾病病人的關注。

在創立公關業務之前，悦知早已明白「包裝」對推動服務有著切實影響。她曾遠赴緬甸參與聯合國毒品與犯罪問題辦公室（United Nations Office on Drugs and Crime）工作，其中一項任務是協助解決當地毒品供應的源頭──農民。比起一般農作物，罌粟、大麻等植物利潤更高，當地農夫為了生計都紛紛種植，是他們賴以為生的「必需品」。有見及此，團隊想出向農夫推廣種植咖啡豆作取替，以兩者價格相近為誘因，令他們逐漸捨棄種植毒品原植物。團體要取得農夫的信任，必須小心包裝訊息，明白此舉目的並非強制性地奪去他們的謀生工具，而是希望讓他們改以安全和合法的方式獲利。此外，多樣化的宣傳渠道也相當重要，例如積極與政府及傳媒建立良好關係，讓計劃公信力提升。

如何包裝義工服務？悅知有兩項建議：

讓你的社交媒體變得有個性，記錄你的想法和行動，讓更多人知道自己所屬「領域」

以大眾潮流熱話或社會議題作為切入點，令訊息塑造成具話題性的內容，引起迴響，讓圈外人透過大眾傳媒明瞭你的所思所想

義工教育　服務可持續

在推動義務工作路途上，呼籲熱心人士加入義工行列固然重要，但**同時亦需要發掘更多「服務推動者」，方可為推動服務帶來連鎖效應**。任何義工領袖都不希望義工只完成一次服務便離隊，因此，悅知希望服務不只為義工帶來單次性的服務體驗，而是在服務當中加入不同形式的教育和訓練，為義工帶來更深層次的體會，從而發掘更多「核心義工」，在不同社區散播義工精神。

悅知於大學時期創立了 STIR（Student Take Initiative Rally）公益服務平台，致力提倡義工教育、發展服務資訊及資源共享平台，並提升社會服務的項目效益及效率。計劃開始時，她與團隊曾針對大學外地義教團活動的成效進行研究，包括收集多間大專院校舉辦義教團的數據、建立資料庫及舉辦義教觀察團（observation tour）等。有一次，他們帶領一班大專義工領袖到柬埔寨探訪，考察不同孤兒院的營運方式，他們發現，當地部分孤兒院成立目的，竟是為了吸引更多旅客以義工身分前來探望。因此，活動可讓參加者反思舉辦服務團的意義和成效，重新思考義工可以為當地帶來甚麼效益。

她又認為，對於香港這個沒有任何義工教育課程的地方，**「先學習，後服務」這個概念顯得十分重要**，尤其是在培訓義工領袖方面。雖然社區有很多熱心於參與義工服務的青年，但義工很少深究服務本質和可持續性，使義工以「課外活動」心態參加服務。此外，她認為義工教育應以地區性為根本，讓更多義工可於區內擔任領袖角色，推動社區長遠義工發展。

突圍而出的小秘訣

憑著自己勇於嘗試的心態，悅知成功爭取眾多的服務機會，從大大小小
的義工服務計劃比賽中脫穎而出。有很多義工機會都是難能可貴的，譬
如每年選出 20 名義工的香港傑出青年義工計劃，她正是其中一分子。
悅知認為，義工可以先了解服務本質是否符合個人興趣、與自身理念相
符，她亦非常樂意與大家分享一些突圍而出的小技巧。

舉例說，在面試過程中，不要急於囊括履歷上所有內容，如數家珍，而
是嘗試把重點放在單一主題，讓經歷成為佐證，形成有深度的想法，再
總結所思所感，點出學習成果，展望未來發展。在每次義工服務後，她
定必會作出個人反思，為自己每一次學習作出一個總結。對社區的著墨
點也是不可或缺，在思考義工活動要做些甚麼之前，不如想想為甚麼服
務對象需要你幫助，列出對方的實際需要，改變思考模式。

參與義工服務亦為悅知建立強大而廣闊的人際網絡,為她日後的創新計劃與發展帶來了正面影響。要找到志同道合的伙伴,應多參與相關主題的社交活動,結識志趣相投的同路人,一起探索更多。此外,她亦認為不可小覷「網上交友」的影響力!建議義工可以努力「爬文」,尋找相關專頁和社群,多發一個電郵、訊息,甚至 Facebook 傳送簡單的一句Hello,也是結識潛在合作伙伴的重要機會。

笑看失敗　Take It for Granted

在義工服務和事業道路上看似成功的悅知,其實早已經習慣失敗的滋味。在創立新服務的過程上,必須加倍努力,才能看起來悠然自得。被問到在義工或事業路上,曾否遇過遺憾、氣餒的時刻,讓她放棄追夢,她笑言失敗經歷都是理所當然的,但不至於令她想放棄追求目標。對她來說,失敗不是死胡同,而是道路上的迴旋處。

「失敗不是讓自己停下來鑽牛角尖的理由，而是推動自己不斷嘗試的動力，直到找出成功的出口為止。」

在事業路上，義工經驗其實幫助她避開了不少「撞板」的機會。由於業務性質與參與義工服務的經驗相似，再多的常見錯誤都已經在義工服務中有過體驗，讓她可以迅速為問題構思出解決方法。

2020 年疫情爆發，使她大部分工作被迫取消，面對突如其來的衝擊，她仍然樂觀面對。

「一切影響都是新挑戰、新難關，刺激自己思考新的應對方法，處理未遇過的問題。」

解決問題沒有唯一答案，嘗試代入其他人的角色、發揮多角度思考，剖析箇中因由，定會想出多種解決方法以達致理想成效。

換個身分繼續服務

義工 ———————— 吳宗麟

社企「愛同行」（WEDO GLOBAL）創辦人，致力發展本地少數族裔服務，促進文化交流。大學時期開始接觸少數族裔，初期以學生義工身分投入服務行列。一直以來，他憑著「敢於嘗試」、「全程投入」、「抓緊時機」，以及與團隊「方向一致」的四個信念，使他可以不斷延續和提升服務質素。Bosco 曾獲「香港青年服務大獎」，現為青協青年服務諮詢委員會成員及平等機會委員會種族平等共融顧問委員會成員。

社企民間高峰會
Social Enterprise Summit

抓緊剎那觸動的時刻

人生的旅途上，我們會經歷不同階段，而大學時期大抵是許多人一生中最美好的時代。在充滿未知可能性的校園內，學生可自由探索未知世界。而 Bosco 選擇在大學時期參與不同義工服務，嘗試了解社會上的深層問題。有一次，他與一位少數族裔教師在義工服務中相遇，使 Bosco 開始留意香港少數族裔這群陌生的服務對象。

這位少數族裔教師分享，對於大部分香港人來說，或多或少會對少數族裔有既定印象，無論衣著、文化、語言等，在社交場合上，他們或會被「生人勿近」的奇異目光注視。或許他們早已感受到被社會標籤、被忽視的滋味。**對部分少數族裔學童而言，只要每天能安穩度過便以足夠，不用刻意去想甚麼生涯規劃**。聆聽過教師的分享後，Bosco 察覺，現時社區為少數族裔提供的義工服務，大多數都是以改善生活需要為主，只有

少部分服務會是以輔導和文化交流作目標。於是 Bosco 希望趁著在大學讀書的時間，為少數族裔帶來改變，發展全新服務方向，同時促進文化共融。

儘管他有創新想法和服務熱誠，但單憑一股傻勁是不可能實行一項全新服務。為了讓服務理念變得確實可行，Bosco 創立了校內義工組織 Campus-Y，並成功召集一班志同道合的同學響應，擴大服務範圍和影響力。成立初期，組織主要提供師友計劃（mentorship programme）予少數族裔學生，輔助他們追趕學業進度、規劃人生發展方向，並帶他們到香港熱門景點以外的地方參觀。有一次，Bosco 與學生組織的幹事及義工帶領一班少數族裔學生參觀大學校園，他們首次踏足本地大學，很多學科和大學活動都是前所未見的。他們以往會覺得入讀大學是遙不可及的目標，但經歷該次活動，讓他們大開眼界，加深了對追求專上教育的興趣。畢竟 Bosco 都僅能以學生身分投入服務，一年過後便要「換莊」，因此服務計劃時間有限，局限服務的可能性。最終，義工與服務對象的關係也難以長期維繫。

思考時間

你會如何增加服務的可持續性？

很多時候，義工活動策劃上都會遇到無法持續推行服務的問題，與服務對象關係只建基於短期服務之上，難以長期維繫。在學生時代，我們更有機會以學生組織幹事身分參與服務策劃角色，可惜活動最多維持一年半載。即使活動反應有多熱烈，也未必能把個人的領悟傳承給下一任策劃者。假若你是 Bosco，義工團隊任期完結在即，因為未必有機會再實行自己創立的服務而感到遺憾，假如希望服務繼續推行，你認為以下哪一個方案比較適合？

A　即使「莊期」完結，仍然以會員身分繼續參與服務，並為下一任義工委員會提供意見，協助服務策劃及推動。

B　直接與其中一間少數族裔機構聯絡，參與該機構的恆常服務。

C　成立以社區為本的組織，持續提供服務，擴大服務範圍與受眾，並招募不同人士成為義工。

第四章　換個身分繼續服務

全心投入　永不言敗

以上問題並沒有正確答案，選擇任何一個方案都證明你願意為推動服務持續性踏出重要一步。三個情境中，所需投放的時間與精力都大有不同，而 Bosco 所選的，正是需時最長，而風險最高的方案 C。為甚麼？

在發現服務無法持續的這個問題後，Bosco 決定透過發展成個人事業，延續於學生組織實行的服務。因此，大學畢業前一年，他創立社企「愛同行」。或許很多人都有著同一疑問，不解到底背後蘊藏甚麼成功要素，驅使他有勇氣成立一間全新機構，難道只為了將服務繼續推行？Bosco 笑言沒有甚麼特別因素，也沒有精密計劃，當時與志同道合的同學聚在一起，摸石過河，隨機應變。畢竟當時只是個剛畢業的學生，正在尋覓人生方向，前途充滿未知的可能性。然而，在跌跌碰碰的過程中，他領悟到「嘗試就有轉機」這道理。

在嘗試過程中，難免會遇上挫折，但 Bosco 認為失敗並不可怕，甚至認為失敗可刺激大腦思考，啟發創新潛能。隨服務經驗累積，更讓他著力研究義工活動到底可以為服務對象和義工帶來甚麼長遠成效。雖然社會對少數族裔的了解日漸加深，可是本地人與他們之間，總有一層打不破的隔閡。在服務過程中，儘管花盡心思了解、聆聽他們內心，亦無法代入角色，了解他們的需要。

「既然無法了解他們需要甚麼，為何不讓他們主動表達自己想法？」

一直以來，少數族裔都以受助者身分接受幫助，其實他們絕對有能力成為助人的一群。因此，Bosco 和團隊嘗試將提供服務與受助者身分對調，讓少數族裔人士擔任本地導賞員及文化大使，通過多元互動體驗方式，讓參加者了解居住在香港不同族裔人士的生活狀況及文化，認識在

他們眼中，香港是怎樣的城市。在服務過程中，他們亦會參與活動設計、策劃和帶領，以提升個人自信及對香港的歸屬感。

經過三年時間，「愛同行」得到外界一定程度的肯定，同時 Bosco 亦捨棄穩定生活，全心投入機構工作，致力發展本地少數族裔服務與文化交流活動。透過本地導賞、工作坊、文化交流、海外旅遊等活動，積極向學校、企業，以及社區推廣族裔文化。他亦邀請少數族裔人士加入管理團隊，使服務更能達到以服務使用者角度出發之目標，令服務設計上更能以使用者角度切入，達至「用戶主導」（user-centric）。

不一樣的海外文化體驗遊

初次接觸「愛同行」的人士，或會被機構的海外文化交流機會所吸引。跟其他外地服務團有些不同，除了義工服務機會外，行程中亦可以與當地人互動交流、體驗生活、融入文化。過往曾與不同少數族裔交流，到訪過台灣、南韓、柬埔寨、新加坡、以色列及尼泊爾等地。雖然部分屬港人熱門旅遊目的地，但「文化體驗遊」並沒有走馬看花式的觀光路線，當中最難得的，是與當地機構建立了緊密合作關係，讓參加者獲得更深刻體驗。團隊行程由當地文化大使協助設計，並參考當地少數族裔生活模式而安排，使參加者更容易了解和融入當地文化。

未參加過文化體驗遊的人士，或會誤以為它與海外服務團的性質相似，又或預期行程中會安排觀光或自由行環節，因此，在接受報名前，機構會嘗試了解每位參加者對交流體驗有甚麼期望。過去曾到訪過一些發展中的東南亞國家，由於當地設施和交通配套相當簡陋，參加者在服務時可能需要先走一段山路，帶著笨重的物資走上兩三小時才到達服務地點。有參加者曾對 Bosco 抱怨行程太辛苦，但這也是預期之內，因為這

正是當地切實的生活體驗，不會因為你是外地人而安排特別優待，否則便失去「體驗」的意義。Bosco 直言，身為策劃者的重要責任之一，便是「期望管理」。每位參加者對旅程有各自的期望，所以需要預先讓他們明白及了解服務團的目標及行程。期望與現實的落差愈少，投入感、體驗和服務成效愈是理想，這就是「期望管理」的關鍵所在。

此外，與當地機構和文化大使保持良好溝通，也有助雙方建立持久合作關係。雖然義工參與交流團大多只屬單次性，對當地人生活並沒有起太大作用，但每次交流服務過後，Bosco 堅持透過當地文化大使，向服務使用者了解服務成效和感想，以便改善日後團隊前來探訪的服務內容，增加服務持續性。

接受被拒絕　懂得看時機

資金不足、服務欠缺創新性，是該服務能否持續推行的一大挑戰。因此，義工必須主動尋找不同合作伙伴，為服務帶來突破。有時候，即使我們鍥而不捨地尋求合作機會，意志力都會因為無數次的被拒絕而消沉，最終放棄。因此，義工需抱持正面樂觀的心態面對每一次被拒絕，方可剖析箇中因由。

Bosco 認為，被拒絕的原因有內在因素，也有外在因素。內在因素多為自己準備不足，而外在因素則是「時機」。不論是尋找合辦機構，或尋求贊助單位，義工需要明白，對方也有優次考慮或其他行政上的限制。不要輕易因一次半次的拒絕，便把與對方合作的可能性判「死刑」，再也不找對方。若能萬中無一地找到與自己理念相符的潛在合作單位，不妨多番邀請，為表自己誠意之餘，亦可乘機了解對方的工作模式後，再調整自己的計劃以迎合對方需要，增加合作的成功率。

在國外流行著一種名叫「**拒絕療法**」（Rejection Therapy）的自我提升遊戲，透過刻意地製造被拒絕的機會，幫助自己克服恐懼，接受被拒絕的壓力。被拒絕心裡自然不好受，可是這每天都機會在我們身上發生。與其擔心下一次會被拒絕時，不如試試「拒絕療法」，讓自己不再害怕被拒絕！

拒絕療法
Rejection Therapy [1]

Rejection Therapy Spiegel, A. (2015, January 16).
By Making A Game Out Of Rejection, A Man Conquers Fear

「拒絕」的原則

1	2	3
跳出自己的舒適圈（comfort zone）	參與者在製造被拒絕機會或作出請求時，首要考慮對方的感受	只有被拒絕的請求，才算是成功

新玩家可從細微的「拒絕」開始，然後逐步延伸到更具情感和社會意義的「拒絕」

曾經有人透過「拒絕療法」，做了以下有趣的事：

向陌生人交換物品
（以價值較低的物品換取價值較高的物品）

一日內找到工作

與陌生人交換一個秘密

在鄰居的後花園種花

參與陌生人的遊船派對

「理念一致」是團隊的共同語言

「愛同行」現時有六成員工都是少數族裔人士，除了帶領導賞團，他們也會負責機構的日常行政工作。相信很多人都會很好奇這個文化差異極大的組合，員工之間的相處會否有很多磨擦？員工擁有不同族裔背景、宗教信仰、母語、飲食文化、風俗等生活習慣大有不同，但團隊之間相處融洽，是 Bosco 引以為傲的團隊。**即使文化差異再大，一致的理念可聯繫彼此，互相包容和善用大家的「不同」**，這就是他們的相處之道。

雖說員工來自不同族裔，但其實大多都是香港土生土長，生活上很多習慣早已融入本地文化，因此在帶領本地導賞團及跨文化活動前都需要「做足功課」。在介紹族裔傳統，歷史文化或特色建築前，他們會事前於網上做資料搜集，或向家中長輩查問，方可將最真實的文化特色，活活展現在參加者面前。

 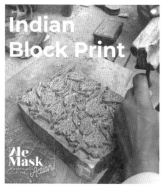

Bosco 深信現時的工作，**除了讓少數族裔人士增加自信、提升工作效能，也可以向其他機構樹立「共融」（inclusion）的榜樣，消除僱主對少數族裔的偏見**。為了實現理想，社企上下都非常努力。在策劃義工服務時，除了需要加入「愛」之外，也許唯有「同行」才可以讓義工學懂將心比己，設身處地考慮他們的需要，建立長久而深遠的關係。疫情爆發，而經濟深受影響，不少少數族裔家庭成員因而失業。「愛同行」聘請及培訓了十多位南亞裔婦女為「車縫大使」，製作富有文化特色的布口罩套，並以義賣形式發售。盈利更用於免費為基層少數族裔家庭提供布口罩套，多管齊下支援少數族裔，把「愛」帶到社區不同角落，連結不同族裔及文化背景的香港人「同行」抗疫。

思考時間

與團隊建立一致的信念，
首先要尊重和包融每一位
成員，並以「硬件」和「軟
件」配合，顧及團隊所有
人的需要。

在團隊的磨合期間，你會以甚麼「硬件」和「軟件」作配合？參考 Bosco 的例子後再作思考吧。

公司在辦公室備有地氈，
以便員工禮拜

以身作則，尊重
每位同事的文化

包融同事因宗教原因
而有食物禁忌

不規限員工的衣著文
化，並將此特色文化推
薦給其他人，例如導賞
員帶領學生參觀灣仔錫
克廟時，會邀請同學一
起戴上頭巾，融入宗教
文化

CHAPTER 5

團隊的心靈治療師

義工 ———————— 曾樂慈

投入義工服務超過十年，雖然工作忙碌，但仍熱心於義務工作，主力參與青協青年服務諮詢委員會及扶輪青年服務團。她是青協《香港 200》領袖計劃之舊生，曾獲青協青年領袖發展中心（現為青協領袖學院）提名並入選香港傑出青年義工計劃，及後出任香港傑出青年義工協會幹事。擁有豐富義工活動策劃經驗的她，曾擔任多項大型義工服務的核心策劃團隊，包括香港 200 會「200 笑」計劃幹事、國際扶輪前地區扶青代表及扶輪青年服務團前副團長。

> *Think of an idea to change our world and put it into* **ACTION!**
>
> —— 電影《Pay It Forward》

看一套影響人生的電影

每年總有幾部電影或劇集掀起熱烈討論,例如近期的韓劇《愛的迫降》,或去年《復仇者聯盟》電影系列之最終章。熱潮過後,當中的劇情你還記得多少?

2000 年有一部頗受歡迎的電影《Pay It Forward》(譯名《讓愛傳出去》),男主角提倡一個「讓愛傳出去」構想,從自己開始,構思一個可改變社會的理念並加以實行。他幫助了三個有需要的人,然後每人必須再幫助另外三個人以表達感激之情。連鎖效應之下,兩個星期就有超過 470 萬人受惠。那些年不少人被這部電影的精神深深打動,也包括本章的義工主角——樂慈。

十多年來,樂慈帶領過各種各樣的義工服務。說到第一次帶領服務,要追溯到中三那年,身為班長的她被學校點名安排為義工領袖,帶領同班同學參與校外義工探訪服務,並統籌整個活動。當時樂慈認為該次活動

只是班長職務之一，並無多想緣由，但仍盡力為同學帶來踏實滿足的服務體驗。中七那年，機緣巧合下看過《Pay It Forward》這部電影，讓她意識到現時義工服務的缺口：多數義工以單向形式服務弱勢社群，**但原來這班被社會標籤為「弱勢社群」的人，其實也有提供服務的能力。**

現實生活中的 Pay It Forward

同年，她參與青協《香港 200》領袖計劃，與組員共同推行「200 笑」項目，透過策劃不同的活動和義工服務，為社區營造和諧且歡樂的氣氛。他們特意請來專業小丑，教授一眾義工傳達歡樂的方法，包括學習小丑雜技、製作造型氣球等，學有所成後再走訪社區娛樂大眾。為了讓「Pay It Forward」的精神在社區得以實現，他們希望所有人接受過服務後，都願意繼續將這份關愛傳遞出去。其中，義工們去到位於大角咀的一所基層小學探訪貧窮學生，除透過表演將歡樂帶給他們之外，也帶領他們一起外出參與社區服務。學生牽著義工的手，一步步了解義務工作的意義。他們服務過長者中心的長者，也到過麥當奴叔叔之家探訪癌症兒童。一路以來，

這班學生也被社會塑造成窮困、慘情的形象，覺得自己從來只是接受服務的一群，這次探訪為學生們帶來很大衝擊，即使家庭經濟環境不及一般人，但也不影響為他人服務的能力。

「Pay It Forward」是種理念，若不貫徹實行，最終也會淪為空想。這些年來，樂慈仍堅信這電影橋段定必可以實現。擔任香港傑出青年義工協會和扶輪青年服務團幹事期間，她接觸過很多滿腔熱忱的青年。透過義工訓練，讓青年建立自信，同時在反覆的服務解說和檢討環節當中，加強他們的獨立分析和反思能力，以及對社會的觸覺。即使他朝一日離開義工隊，服務精神也可以在生活不斷延續。透過「Pay It Forward」精神，訓練和培育新一批義工領袖 (train the trainers)。

三支莊的生活

2013 年可說是樂慈最忙碌的一年，身兼三個義工組織的要員，日程安

排相當緊湊，開會到凌晨已成常態。身為大學生已肩負著沉重的學業壓力，但她仍盡心盡力完成每個崗位的職務。

對於曾「上莊」（成為大學學會幹事）或參與小組項目經驗的你，相信也曾遇過「free rider」（坐享其成的隊員）出現於團隊中。或許我們會覺得這種人很討厭，辜負了團隊的努力，更想不勞而獲。一般人第一反應可能是怪責、排斥，或在他背後大放厥詞。

樂慈於三個義工組織中都遇上過「free rider」，但她卻認為每個人都有自己的難處，不會平白無故成為「free rider」。因此，作為義工團隊的一分子，在責備不盡責的隊員之前，她都會先作出善意提醒，主動了解背後原因。當其他隊友在怪責之際，先應盡力保護對方，獲取諒解，說到底，大家的初心都是為了做義工。

將心比己，若果自己受盡隊友的苛刻責備，也很難重拾心情投入團隊。
而其他隊員亦應以大局為重，放下成見，於適當時候懂得「補位」及分
擔額外工作，讓服務得以繼續進行。

義工期望管理

帶領義工活動時，經常要處理變化多端的突發情況。為確保活動可正常
運作，義工領袖會適時調整服務安排。但有時候可能太注重活動流程的
順暢，而忽略義工對服務前後的期望落差。畢竟最勞苦功高的都是一眾
義工，不可忽視其情緒和感受。**若能細心接納每位義工的反饋，妥善管
理他們的情緒，便可減少對服務產生誤解，增加對服務的滿足感。**同時
提升義工持續參與服務的機會，相得益彰。

樂慈透過分享以下兩個服務經驗，
讓大家參考如何面對及回應帶有期
望落差的義工，並帶出期望管理的
重要性。

服務經驗一

團隊曾與本地一罕見病組織合辦義工服務，讓更多人關注罕見疾病病
人的生活和需要，當中包括與病友外出遊歷香港不同景點。由於病友
先天身體問題，經常因身體不適而缺席活動，因此，活動參與人數一
直無法預計，讓義工們非常苦惱。其中一次活動，參與人數創新低，
病友與義工的比例只有一比四，令活動不可以按照原訂計劃實行。

出現問題

義工與服務對象的比例失衡，使大部分義工在服務期間不知道該做些
甚麼，呆站在一旁玩手機消磨時間。活動結束後，義工們都相繼反映
活動與自己的期望落差很大，對此感到失望。

即時處理方法

樂慈即時為服務內容作出整頓，包括縮短活動時間，調動義工人手，
例如安排更多義工負責攝影、場地物資管理、場地控制等的後勤支援
服務。

活動後，樂慈亦安排活動了檢討環節，讓義工傾吐心聲，安撫義工失
望情緒，讓他們理解病友因身體不適而無法參與活動，是無可避免、
無法控制的事情。

期望管理的重要性

1. 服務前：管理期望

樂慈認為，在服務開始前，可先著手讓義工了解服務對象的特質和經常於服務出現的情況，例如罕見疾病病人先天的缺陷使他們不能靈活自如地外出參與活動，讓義工對無法預計的服務人數有心理準備。

2. 服務後：帶領反思

活動完成後，義工領袖可以帶領解說（debriefing），反問義工的初心是甚麼。如果只求湊夠參與者讓活動得以舉辦，變相是為了滿足自己的慾望，服務就變得本末倒置了。

服務經驗二

新冠肺炎疫情期間，樂慈自發組織民間義工隊，收集及派發防疫物資予社區有需要人士。她亦主動聯絡相熟的社福機構提供協助，上門為不便外出的服務使用者送上物資。有一次，義工們向本地一所非牟利組織的病患會員上門派送物資，由於該會會員人數眾多，樂慈招募接近 40 名義工協助。不過，在服務完成後，有義工質疑為甚麼不把物資留給「更有需要的人」。

出現問題

有義工在服務期間發現部分受惠者的生活環境很不錯，更有些人居住於私人住宅。亦有義工上門探訪時，發現受惠對象或許不是病患者，因此不解為何不把物資留給更有確實需要的對象。

即時處理方法

鼓勵義工先按照原訂計劃派發物資，並讓他們了解即使家庭富裕，也有被服務的需要。

期望管理的重要性

1. 服務前：管理期望

活動開始之前，樂慈認為應先讓義工熟習探訪地區的特色；解說服務期間將會接觸的人不一定是服務使用者自身，有機會是他們的家人或照顧者。

2. 服務後：帶領反思

在帶領服務後解說時，樂慈認為可多讓義工思考服務對象的日常生活難處，例如某些患有長期病患或行動不便的人士，無法四處搜購物資；或有一些較年長的服務對象不懂得上網訂購物資，而這些問題與經濟背景都沒有關係。因此，每個服務對象的情況都可以很特殊，義工不能單憑肉眼判斷對方是否有接受服務的需要，應多嘗試處於服務對象的角度出發。

感染力來自自身熱誠

疫情關係，樂慈跟大部分人一樣只能在家工作。眼看疫情持續升溫，心中充滿服務熱誠的她，再也按捺不住，決定在這艱難時刻為社區出一分力。起初，她只打算在朋友圈子裡收集多餘的防疫物資，再轉派給區內需要人士，特別是一些前線清潔工友。疫情之下他們仍堅守崗位，卻未被分配足夠防疫物資。結果反應出乎意料地熱烈，很多熱心人士「搭上搭」得知她的計劃，紛紛有錢出錢，有力出力，有口罩出口罩。樂慈明白很多人的出發點也和她一樣，很想在這段非常時期作出貢獻，但她並不是所有捐贈者的「好意」都全單接收。收到物資時，她希望捐贈者先確保自己有足夠的資源，足以照顧自己和家人，才照顧其他人。最後，在疫情期間，她聯繫了約 80 名義工同行，讓超過 6,000 人受惠。

繼續發掘社會上的隱形人

相信現時大眾對義工服務的意識都有所提高，加上新高中課程「服務學習」的大力推動，讓更多青年在初中階段已接觸義工服務，同時亦有更多區內自發團體及組織，為弱勢社群提供定期探訪和服務。然而，**社會上仍然有很多「隱形」群組未被社會資源覆蓋，他們的需要一直被忽視，**當中，也有一直在我們身邊，受著情緒困擾的同事、家人及朋友，甚至是你自己。

有時間的話，不妨抬頭望一望你身邊的陌路人，有否發現最近路人總是愁眉苦臉？受到社會運動和疫情影響，我們或多或少都會處於情緒低落的狀態，對未來充滿著未知的恐懼。情緒長期處於繃緊狀態之下，人與人之間的磨擦及爭執亦會隨即增加。樂慈深信義工服務應隨著社會的發展而不斷更新，服務形式也不再局限於任何一種舊有模式。未來，她希望為大眾改善情緒而盡力，帶領受情緒困擾的青年走出陰霾；同時，她希望以自身出發，將個人的熱誠與信念感染更多人，令更多人成為她的同行者，將「Pay It Forward」的信念，繼續於社區傳揚和實踐。

CHAPTER 6

為自己服務

義工 ——————— VNET 義工隊

佛教黃允畋中學的義工團隊，由一群中二至中六同學組成，並由青協賽馬會乙明青年空間駐校社工石伙蓮姑娘帶領。VNET 義工曾憑著「滿滿愛正能量義工計劃」，奪得由社會福利署頒發的「最佳學生及青年義工計劃比賽」冠軍。本章由 VNET 義工隊三位代表分享如何在服務過程克服自己的缺點，打破外界標籤，憑著努力逐步成長；石姑娘分享「服務學習」對學生的正面影響，以及帶領學生團隊的技巧。

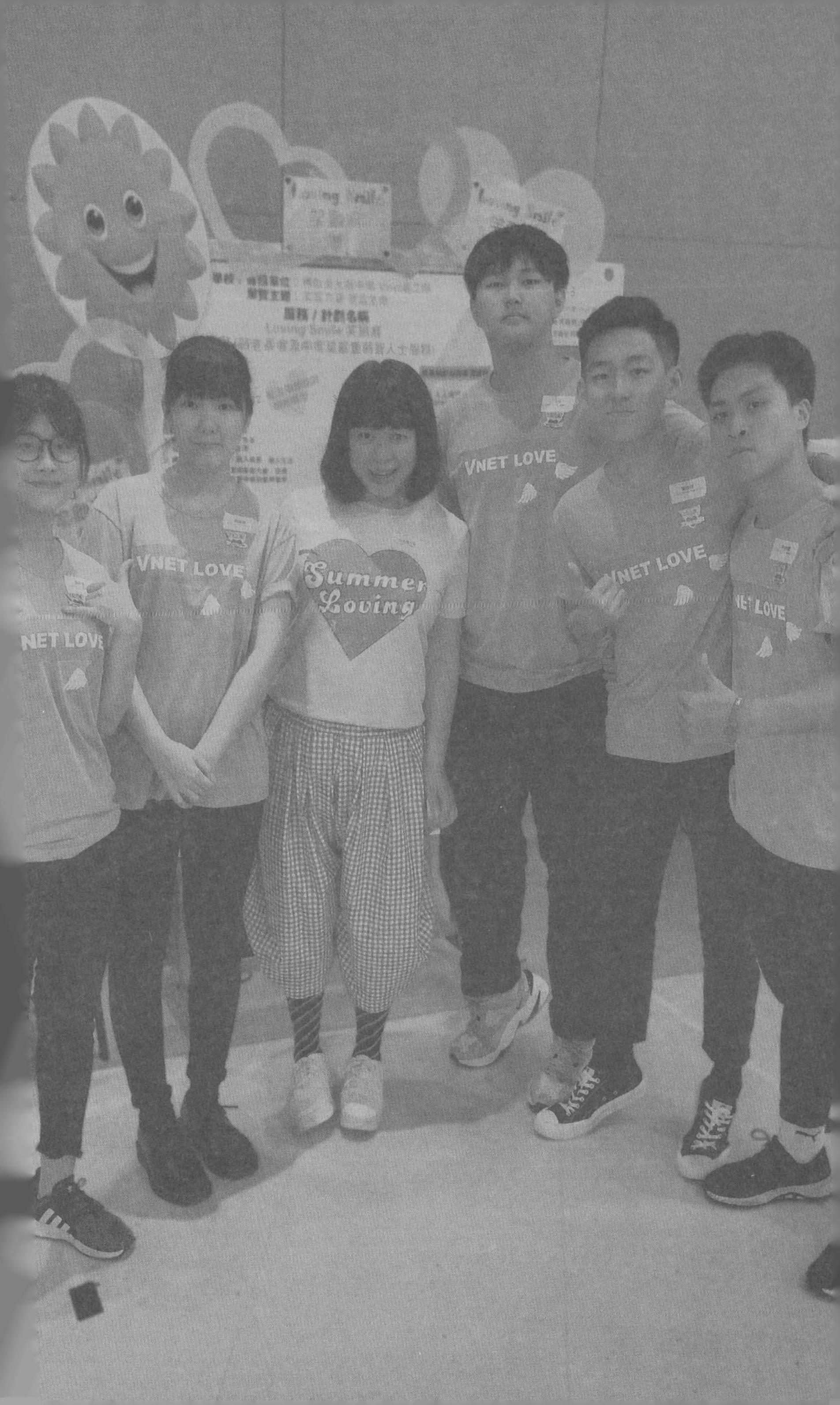
VNET LOVE
Summer
Loving

來到本書最後一章，希望大家先用一點時間想一想，當時未曾參與義工服務的你，與現在的你有甚麼分別？

我們在成長路上經歷不少跌撞，這次請來三位學生義工代表，以自身經歷告訴大家，義工服務的第一個受惠者，必然是自己。

俊傑

現屆 VNET 義工隊主席

醜陋帥氣、性格內向，
欠缺自信。

Mary

現屆 VNET 義工隊主席

聰明伶俐，性格反叛，
老師對她又愛又恨。

文迪

現屆 VNET 義工隊副主席

高大威猛，但有時脾氣
暴躁，以玩樂心態
參與服務。

當有人問你參與義工的原因時，十居其九會答「因為幫人很有意義」、「因為可以幫助有需要人士」。這些答法大概已成「標準答案」，但這是誰的標準？ VNET 義工隊以「燃亮生命，豐富生命」的信念，時刻提醒同學幫助別人的第一步，首先要懂得愛惜自己，才可以展現義工熱誠、活力的一面，感染服務對象。要加入 VNET 義工隊，不需要成績優異，也不需要性格積極外向，唯一要求通過反思練習——了解自己的優點和缺點。

「金無足赤，人無完人」。俊傑、Mary 和文迪的義工初心除了為貢獻社會，也希望透過參與服務改善不完美的自己。三位 VNET 義工隊代表都不是學校的「風頭躉」，既不是名列前茅的尖子，也不是成就卓越的運動健將，**但憑一點一滴的努力，終會有所進步，發掘蘊藏自身已久的潛能和美善。**

自信　就是相信自己

非以模範生身分擔任義工領袖，俊傑、Mary 和文迪以往也曾被老師和同學瞧不起，領袖能力被受質疑。默默耕耘，他們以過百義工服務時數證

明自己的能力，卻被懷疑「報大數」。在義工服務的路上，**讓他們深深體會到眾口難調的道理，問心無愧就是相信自己的基石。**

義工隊於 2017-18 年度策劃的「滿滿愛正能量義工計劃」，其中一個項目是透過快閃街頭，為社區注入正能量，引起公眾對情緒健康的關注。團隊中並無專業舞者，義工們由零開始，創建自己的舞步。沒有精湛舞技，難免引來途人説下「跳群舞卻跳得不齊」、「動作生硬」之類的狠話，但義工們並沒有因而動搖，堅守信念演出，原因是問心無愧，舞蹈是傳達心意的媒介，舞蹈技巧可以不完美，但沒有確實的心意則注定失敗。

自信是給予自己的肯定，不應由外間去釐定。無可否認，人先天總有優劣，但後天存在改變先天的可能性。別太在意旁人的眼光，堅守初心，腳踏實地做好自己的本分，自然而然，會發現已走上通往成功路上。正如龜兔賽跑的故事，到衝刺一刻，烏龜的努力總會被旁觀者肯定。

Vnet義工隊 - 義工路上的疑惑

自己　就是義工服務中最大受惠者

VNET 義工隊憑此計劃成為「最佳學生及青年義工計劃比賽」冠軍。項目由策劃、籌備到實行，都由同學親力親為進行。服務對象包括學生、智障人士及長者，並推廣至社區層面，以創新手法進行公眾教育。雖然活動意念新穎，但實行並沒有想像中那麼有趣容易。

正能量是一種積極、樂觀及滿懷希望的生活態度，要宣揚這種正面訊息，先要從自身改變開始。團隊想要在社區製造迴響以宣揚訊息，想出以「快閃」形式遊走中環、旺角及銅鑼灣等鬧市跳舞，以年輕人的青春與活力，讓途人駐足圍觀，繼而宣揚正能量生活。然而，義工隊當中並無擅長舞藝的成員，而不少隊員對於要當眾跳舞感到尷尬抗拒。主席 Mary 身為活動領袖，明白為自己和團隊衝破心理關口是計劃的第一步。

因此，Mary 二話不說以自身為團隊樹立榜樣。對舞蹈一竅不通的她，與其他義工領袖透過網上短片學習舞步，一步一步拆解動作，再編寫詳細的學習筆記，用心指導每一位隊員。同時，她亦重視每位隊員的感受，遇上比較內斂或跟不上節拍的隊員，會主動關心和鼓勵，並花額外時間進行個別指導。

在這數星期的排舞過程中，Mary 不單樹立了衝破自己舒適圈的榜樣，更以身作則教會了隊員積極樂觀的生活態度。服務別人先要服務自己，想向別人宣傳信念，定必先讓自己實踐信念。義工隊跨過了排舞的考驗，

也突破了公開表演心理關口，服務開始前團隊已充滿正能量。在服務當中，同學見證著自己的成長，由不被看好的「頑劣學生」走向會關心社會的「優秀義工」。正如三位義工隊代表所說，**自己是服務中最直接、最大的受惠者，只要相信自己有改變現狀的能力，便可改變不完美的自己。**

主角　就是每一位

VNET 義工隊歡迎中二至中六同學加入，人數幾乎不設限，唯一要求就是希望同學都可以全情投入。主席俊傑直言，義工隊的活動編排非常緊湊，每周一次課後集會，每月一次義工服務，亦要為活動預留額外籌備時間。每年招募新成員時，首先會問的是：「有沒有參與其他課外活動？」畢竟加入了義工隊，便需要用上大部分課餘時間服務。

雖然義工隊一共有四位正副主席帶領，但每位成員都擔當著重要角色，在服務過程中互相扶持、共勉成長。俊傑表示，每位同學在義工策劃與服務之中，都有充分機會參與和表達意見，除正副主席外，每次服務都會選出主要負責策劃的學生，亦會開設不同領袖崗位，例如「物資組長」、「遊戲組長」、「財務長」等。這絕不是巧立名目，**當人身負重任，責任感與投入感便會隨之遞增**，也因為分工仔細，成員絕無成為「free rider」的機會。

除恆常會議和服務，工作之外的聯誼活動也是不可或缺的，這是維持團隊羈絆的關鍵。VNET 義工隊每年舉辦迎新活動（orientation），讓成員於正式投入服務前互相認識，服務時默契更佳。義工服務後，他們亦舉辦慶功活動，慰勞團隊之餘，鞏固團隊的滿足感，分享成功。此外，正副主席們亦會牢記每位成員的生日，為他們舉行慶祝活動。

既然每位義工都這樣投入，當遇上分歧怎麼辦？不可小覷中學生處理團隊磨擦的技巧，副主席文迪表示，在每次團隊會議前，四名正副主席會先各自帶領四至五位組員進行小組會議，聆聽不同意見，同時領袖之間亦會有緊密溝通，預視會議中或會出現的潛在困難及不同聲音。每一次會議前也會做足準備，絕不兒戲。

任何人都希望得到欣賞和認同，因為得到重視，對團隊有歸屬感，才會全身、全心投入參與。**生命影響生命，每位成員在義工隊的氛圍下「交叉感染」，扶持成長，沒有一個是配角。**

義工隊與「服務學習」

VNET 義工隊不是單純安排義工參與服務的組織，而是結合服務和學習，為同學帶來成長。義工隊會因應社會需要而安排服務，並有「深化」和「擴展」兩大服務學習方向。這有賴歷屆師兄師姐的付出和努力，讓義工隊在區內打響名堂，與校外服務單位建立良好關係。

深化

重複服務同一對象，透過接觸、了解、分析和評估，讓學生加深對服務對象認識，從而改善服務內容，使服務更能針對對象所需。

擴展

透過參與不同類型義工服務累積經驗，接觸社會上不同的服務對象，體會不同弱勢社群的生活，加深對社會認識，有助刺激服務思維，開拓眼界。

計劃負責社工石姑娘認為，參與義工服務除了是回饋社會的方法，也是讓學生接觸社會的好機會。學校是社會的縮影，義工隊就是社會機構的縮影。義工隊的日常運作，包括成員招募、團隊管理、服務策劃和檢討，都是靠四位學生領袖和隊員一力承擔。同學在服務學習過程中，慢慢發掘及加強義工服務成效的方法，領悟愛己及人。這些實用的技能及經驗，在日後學生投身社會時，定必有幫助。再次證明「幫助別人的時候，首個受惠者定必是自己」的想法，在努力付出過後，必然帶來更深、更廣的反思。

策劃義工服務最重要是先了解社會現況，再提供切合需要的服務內容。「滿滿愛正能量義工計劃」的其中一項活動，是到訪智障人士院舍進行「活力健康操」，讓義工與服務對象在音樂和舞蹈之中互相交流，同時讓他們可以舒展身心。義工於活動進行當天，才得知院舍內有不同程度的智障人士，部分也有不同程度的身體障礙，無法進行大幅度動作。但義工靈活變通，為了讓在場所有人都能參與，即時調整「活力健康操」的動作難度，簡化流程。

VNET 義工隊明白是次活動前資料搜集或許未盡完美，但其實隨機應變也是一門非單靠紙上談兵的學問。最後服務也成功為雙方留下美好回憶，及後院社同事更告知，院友們會不時自己做起健康操，這些絕對是義工們最想達到的效果。

義工態度也是生活態度

VNET 義工隊多年來由不同的同學努力支撐著，奠定了 VNET 義工精神及信念，更於校內樹立了獨特的義工風氣，體現了服務學習的精神。多年來，石姑娘培育一代又一代義工領袖，見證一個又一個不起眼的學生，變成關愛社會又富責任感的青年。問到三位義工代表可曾回望過當初的自己，他們卻異口同聲回答：「不要太執著過去，重要的是現在我是個怎樣的人，將來又會是個怎樣的人。」英雄莫問出處，他們過去的種種經歷，成就了現在的他們。

俊傑和 Mary 畢業在即，在義工隊四年生涯之中，除了帶走那些有形的義工嘉許和獎項，還有從服務中學會的無形得著，這些經驗帶來的增值，卻是畢生受用。當義工態度融合為生活態度，未必能於考卷上加上實質分數，**但從服務中認識社會的眼界，以及訂立的人生態度，是於無涯學海中建立一座燈塔，為探索前路建立根基**。畢業後，他們除了會以校友身分繼續支援義工隊，為師弟妹提供義工服務策劃上的意見，也會將義工態度帶到新的學業和工作環境，繼續以一份熱誠，帶動身邊同伴投身義工行列。而 Mary 更立志成為社工，期望以生命影響生命，全心投入社會服務行列，承傳石姑娘的服務學習理念。

在日常生活中很多微細舉動，例如家居廢物分類、關懷鄰里、疫情下帶上口罩做好個人衛生，都可以為社會帶來像漣漪般的正面影響。不要吝嗇和低估自己的力量，再微小的行動也有它的意義。義工服務除了是一個貢獻社會的舉動，更是一個了解自我、肯定自我及改變自我的過程。

同「義」詞典

隨著社會進步，義工服務不再受限於傳統模式，服務更趨多元和創新，當中不少新概念及術語更應運而生。

Chapter 1

義 工 領 袖 [名詞]
yi6 gung1 ling5 jau6

有別義工服務參加者身分，義工領袖擔當帶領、籌備、聯絡、推廣及執行檢討義工服務的角色，亦會主動尋找資源及合作伙伴。

以 人 為 本 [名詞 / 形容詞]
yi5 yan4 wai4 bun2

以人的主體存在、需要和發展為中心，以人本身為目的的思想或觀念。

服 務 縫 隙 [名詞]
fuk6 mou6 fung4 kwik1

未能被主流社會資源覆蓋，容易被忽略的小眾或社會問題。義工們可嘗試透過觀察留意日常人、事、物，設身處地構思不足之處，填補縫隙。

Chapter 2

雙 向 交 流 [名詞 / 動詞]
seung1 heung3 gaau1 lau4

無分施與受的服務模式，義工為服務對象提供服務，也可同時接受服務對象的服務回饋，達致無分彼此，無分身分、等級、年齡、種族差別的平等交流。

生 涯 規 劃 [名詞]
sang1 ngaai4 kwai1 waak6

英文為 career & life planning，根據教育局的定義，生涯規劃是一個持續和終身的過程，以達致人生不同階段的目標。在求學時期，生涯規劃培養學生認識自我、個人規劃、設立目標和反思的能力，以及認識銜接各升學就業途徑。

社會企業 [名詞]

se5　wui5　kei5　yip6

英文為 social enterprise，根據民政事務局的定義，社會企業是要達致特定社會目的的一門生意，例如提供社can所需的服務或產品、為弱勢社羣創造就業和培訓機會、保護環境、運用本身賺取的利潤資助轄下的其他社會服務等。

社會創新 [名詞]

se5　wui5　chong3　san1

英文為 social innovation，是指以改善或研發新產品、新服務來回應社會問題，目的是改善人的幸福，受益者是他人而不是自己，包括提升個人的人力資本或生活環境，或人與人之間的社會資本或相處的方式。政府和非政府組織是社會創新的推動者，他們都不著重盈利，但關心人的幸福。

Chapter 3

間接服務 [名詞]

gaan3　jip3　fuk6　mou6

不經常與服務對象直接接觸的義工服務，例如服務策劃、研究、倡議及培訓。以後勤角色參與義務工作，推動義務工作的風氣。

服務可持續性 [名詞]

fuk6　mou6　ho2　chi4　juk6　sing3

在解決當前的社會需要同時，亦要考慮服務在社區內持續推動的可行性，例如在進行服務時改變服務對象心態及提升能力，可讓他們長遠受惠。

核心義工 [名詞]

hat6　sam1　yi6　gung1

定期及恆常參與服務的義工，具備成為義工領袖的潛質。

共融 [名詞]

gung6　yung4

英文為 inclusion，以消除對弱勢社群的負面標籤、定型觀念和偏見，改變負面態度。透過共融環境，每個人在不同生活範疇都可享有平等和尊重。

Chapter 4

用戶主導 [名詞]

yung6 wu6　jyu2　dou6

英文為 user-centric，意指以服務使用者角度切入並進行服務設計，以感同身受的方式思考，使服務成效更能貼近服務使用者所需。

拒絕療法 [名詞]

keui5 jyut6　liu4　faat3

英文為 rejection therapy，意指透過刻意製造被拒絕的機會，協助自己克服並接受被拒絕而帶來的壓力，是一種提升自我的訓練。

創新服務 [名詞]

chong3 san1　fuk6　mou6

創新元素可以是生活、潮流及科技的融合；將創新元素加入義工服務，為義工和服務對象帶來全新服務體驗，提高雙方的投入度。

舒適圈 [名詞]

syu1　sik1　hyun1

英文為 comfort zone，意指處於習慣安穩舒適但缺乏危機感的心理狀態。參與服務時，義工可以嘗試踏出自己的舒適圈，參與不同類型的服務、模式，使自己在服務提供方面可以更靈活變通。

Chapter 5

連鎖效應 [名詞]

lin4　so2　haau6 ying3

指一種因素的變化引起了一系列相關因素變化的連帶反應。在義務工作層面上，義工透過自身信念和實際行動，帶動服務的發展。

上莊 [動詞]

seung5 jong1

泛指在學時期成為某學會或組織的幹事或要員，在團隊中負責設計、策劃及帶領活動。

期望管理 [名詞 / 動詞]

kei4　mong6 gun2　lei5

管理義工對參與服務的期望值。事前先將讓義工了解服務中的各種可能情況，讓他們意識到服務結果未必與自己理想相符，減低因期望過高而感到失望。

Chapter 6

美善　[名詞]
mei5　sin6

每人內心總有美麗和善良的一面，透過義工服務，發掘自己和他人的美善，並將其精神融入日常生活。

公眾教育　[名詞]
gung1 jung3 gaau3 yuk6

透過宣傳活動、推廣運動、行動教育，加強廣大市民對社會服務的關注，激發市民參與義工服務的心志。

迎新活動　[名詞]
ying4　san1　wut6　dung6

歡迎新成員加入團隊的活動，透過破冰遊戲及團隊合作活動，使團隊成員變得熟絡，增強歸屬感，建立合作默契。

香港青年協會

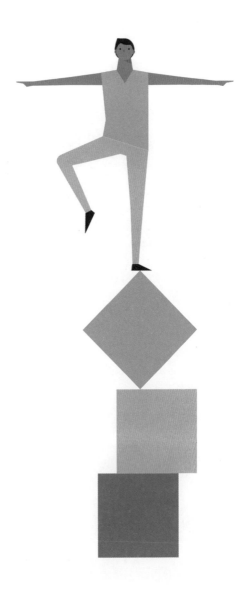

讓我代你失敗 —— 義工領袖也曾上過的課

香港青年協會（簡稱青協）於 1960 年成立，是香港最具規模的青年服務機構。隨著社會瞬息萬變，青年所面對的機遇和挑戰時有不同，而青協一直不離不棄，關愛青年並陪伴他們一同成長。本著以青年為本的精神，我們透過專業服務和多元化活動，培育年青一代發揮潛能，為社會貢獻所長。至今每年使用我們服務的人次達 600 萬。在社會各界支持下，我們全港設有 80 多個服務單位，全面支援青年人的需要，並提供學習、交流和發揮創意的平台。此外，青協登記會員人數已逾 45 萬；而為推動青年發揮互助精神、實踐公民責任的青年義工網絡，亦有逾 23 萬登記義工。在「青協‧有您需要」的信念下，我們致力拓展 12 項核心服務，全面回應青年的需要，並為他們提供適切服務，包括：青年空間、M21 媒體服務、就業支援、邊青服務、輔導服務、家長服務、領袖培訓、義工服務、教育服務、創意交流、文康體藝及研究出版。

青協網上捐款平台

Giving.hkfyg.org.hk

青協義工資源

香港青年協會 青年義工網絡 | yvn.hkfyg.org.hk

凝聚青年 回饋社會

青年義工網絡 （Youth Volunteer Network）於 1998 年成立，簡稱 VNET，致力鼓勵及推動青年成為義工。成立至今，有逾 23 萬登記義工，並有超過 290 間學校及團體登記成為聯繫會員，每年為社會貢獻 90 萬服務小時。自 2003 年起，本會每年均獲社會福利署「推廣義工服務督導委員會」頒發「十大最高服務時數獎（公眾團體）」。

青年義工服務社會，不僅服務有需要的人和事；同時也接觸了新知識，學習新技能，提升能力，滿足個人成長需要，實踐青年義工信念：「幫助別人也是等於幫自己」。為鼓勵青年參與義工行列，青年義工網絡設立了一個富彈性的義工登記制度，讓青年按其時間、興趣及專長，靈活參與不同形式的義工服務。此外，青年義工網絡致力聯繫社會各界，包括商界企業、政府部門及社團組織，讓他們認識青年義工的潛能和遠志，支持青年義工的發展工作，加強對青年義工的肯定和認同。

隨著義工人數和服務機會需求日增,以及新一代青年習慣使用網絡社交媒體和手機作交流和接收訊息,VNET 於 2014 年建立了義工網上配對平台「好義配」,讓義工透過簡易流程,隨時搜尋合適的服務機會。「好義配」平台於 2018 年推出的升級版本加強了用戶主導功能,包括全新介面、簡化流程、新增電子服務記錄、即時通訊功能及團體專屬義工資料庫管理功能等,真正達致「做義工,好義配」。平台現累積登記義工人數達 60,000 人,並由超過 400 個提供服務機會團體,每年提供約 550 個服務機會。

「好義配・好義補」
網上問功課平台

「好義配・好義補」網上學習支援 | yvn.hkfyg.org.hk/study

因應疫情關係,VNET 於 2020 年 2 月中旬推出「好義配・好義補」網上學習支援服務,由多達 170 名高中生、大專生和企業義工組成義務導師團隊,於網上解決莘莘學子的學術問題。義務導師於停課期間,透過「網上問功課平台」為同學解答超過 1,500 條學術難題。此外,導師亦透過視像軟件舉辦了 36 場「DSE 口試練習」及「DSE 鑽研小組」,為逾 200 名同學備戰考試,分享實戰經驗及奪星心得。服務成功支援因疫情而停課的中、小學生,達致「停課不停學」,現因復課而轉為恆常服務,於課後時段繼續為有需要學生提供網上支援。

VNET 於 2005 年推出《有心計劃》，藉以凝聚青年義工的愛心力量，鼓勵學校成為《有心學校》，組織學生成為義工，每年每間學校為社會服務不少於 500 小時；同時亦鼓勵商界加入成為《有心企業》，發揮企業社會責任，捐款推行有心學校及鄰舍服務計劃。

《有心計劃》自推出以來獲得社會各界的支持，每年成功邀請接近 200 所學校和 100 間企業加入成為《有心學校》及《有心企業》，資助超過 130 項服務計劃，為社會貢獻超過 200 萬服務小時。義工無私奉獻的愛心，值得各界加以表揚。

專業培訓工作

VNET 重視義工專業培訓，除致力將累積的專業經驗和實務智慧彙集成書籍外，亦透過製作網上教材，鼓勵義工及管理人員自我增值，內容包括基礎概念，服務知識技巧、組織和管理義工的理論與實務等。

讓我代你失敗——義工領袖也曾上過的課

為加強與學校合力推動社會服務學習（social service learning），培養學生服務精神及建立服務技巧，VNET 定期到訪各區學校進行義工訓練講座及工作坊。對外亦定期舉辦「V-Studio 義工服務策劃訓練計劃」，以服務學習形式推動服務風氣及義工領袖精神；透過理解服務的知識與概念、學習設計及策劃服務技巧、分析義工案例及親身進行社區活動體驗，從而進行服務策劃、匯報及實行。

青年義工嘉許

VNET 設立了一套全面的五級證書嘉許制度，每年向表現優異且累積服務時數達 150 小時、200 小時、400 小時、700 小時及 1,000 小時的青年義工頒發嘉許證書，以表揚他們對委身服務社會的堅持；更會推薦表現卓越的青年義工競逐由社會福利署舉辦的「香港傑出青年義工計劃」、參與不同的交流活動和進階培訓課程。

全賴熱心伙伴的支持和認同，本會才能持續發展和推行各項青年義工服務計劃和活動。若有興趣支持我們的工作，歡迎透過網上平台捐款，我們謹向各位捐款人士和機構致以由衷謝意。

立即捐款 ▶▶▶

青協重點義工服務項目

「鄰舍第一」計劃 | neighbourhoodfirst.hkfyg.org.hk

「鄰舍第一」是一項由青年帶動的社區關懷行動，結合青年領袖培訓、義工訓練、網上聯繫和地區協作四大元素，由年輕人重新啟動社區的新能量，以及鄰舍間守望互助的新文化。

「鄰舍第一」於 2011 年 12 月正式開展，發展至今已成立超過 100 支「鄰舍隊」，合共逾 3,000 位青年隊員，在全港各區發起連串鄰舍關懷互助的行動，以具體服務與行動促進鄰舍間的聯繫，減少社區上漠視和排斥的心態，提升社區的凝聚力。活動包括一年一度的「鄰舍團年飯」、紓解低收入人士生活負擔的「送米助人計劃」、由青年以美食製作服務社會的「鄰舍第一・uKitchen」、探訪長者及基層家庭的「鄰舍愛心湯」等。

計劃由旅遊事務署及青協聯合主辦，及香港優質顧客服務協會協辦，旨在培育 15 歲或以上青年人對香港的歸屬感和建立優質服務文化，並啟迪他們以殷勤有禮之道迎接旅客。完成訓練計劃後，青年大使將於整年的任期內參與一系列的義工服務，協助向海外旅客推廣香港。

計劃結合領袖培訓及文化保育教育，協助大專及高中生認識活化及保育歷史建築過程；青年於受訓後為活化成青協領袖學院的前粉嶺裁判法院，導賞本港首個結合創新科技及文物保育的路線。大使的工作包括進行公眾教育活動，帶領導賞團及北區文化深度遊，於學校和社區推廣文化保育。歡迎對香港文化及歷史感興趣又善於溝通、積極主動、富責任心及團隊精神的青年參加。

歡迎登記成為「好義配」（easyvolunteer.hk）用戶及瀏覽「青年義工網絡」網站（yvn.hkfyg.org.hk）發掘更多不同類別義工服務機會。

追蹤最新義工資訊

 VNET.HKFYG   **easyvolunteer**

出版	香港青年協會
訂購及查詢	香港北角百福道 21 號
	香港青年協會大廈 21 樓
	專業叢書統籌組
電話	(852) 3755 7108
傳真	(852) 3755 7155
電郵	cps@hkfyg.org.hk
網頁	hkfyg.org.hk
網上書店	books.hkfyg.org.hk
M21 網台	M21.hk
版次	二零二零年七月初版
國際書號	978-988-79951-2-8
定價	港幣 80 元
顧問	何永昌
督印	魏美梅
編輯委員會	鍾偉廉、區梓俊
鳴謝	劉羨文、潘杰山、黎悅知、吳宗麟、曾樂慈、
	石伙蓮、陳俊傑、陶雅雯、文迪
執行編輯	林茵茵
實習編輯	劉永鋒、陳姿澄、陳曉筠
撰文	冼允彥、任怡潔
設計統籌	徐梓凱
設計及排版	missquai
製作及承印	DG3 Asia Limited

Beyond Failure: Learning from the Outstanding Youth Volunteers

Publisher	The Hong Kong Federation of Youth Groups
	21/F, The Hong Kong Federation of Youth Groups Building,
	21 Pak Fuk Road, North Point, Hong Kong
Printer	DG3 Asia Limited
Price	HK$80
ISBN	978-988-79951-2-8

讓我代你失敗——義工領袖也曾上過的課

青協 APP
立即下載